LES

OISEAUX D'EUROPE

TOME DEUXIEME.

Cet ouvrage peut servir de complément au Manuel d'Ornithologie, ou *Tableau systématique des Oiseaux qui se trouvent en Europe*, par J.-C. Temminck. Paris, 1820-1840, 4 vol. in-8.

LES
OISEAUX D'EUROPE

DÉCRITS

Par C.-J. TEMMINCK,

Directeur du Musée royal d'histoire naturelle à Leyde, membre de plusieurs Académies et Sociétés savantes.

Atlas de 530 Planches

DESSINÉES

Par J.-C. WERNER,

Peintre au Muséum d'histoire naturelle de Paris.

TOME DEUXIÈME.

A PARIS,

CHEZ J.-B. BAILLIÈRE,

LIBRAIRE DE L'ACADÉMIE NATIONALE DE MÉDECINE,
17, rue de l'École de Médecine.

LONDRES, CHEZ H. BAILLIÈRE, 219, REGENT STREET.

1845

Coucou gris (Cuculus cinereus Linn.)

Squelette de Coucou mâle (Cuculus canorus, Linn.)

Ordre 5.   Zygodactiles.

14

Werner del.   lith de A. Belin.

Coucou Geai ou Couckel, (Cuculus Glandarius, Linn.)

Werner del.   ⅟₂ de nature.   Lith. de J. Bétin.

Coucou Cendrillard (Cucutus cinerosus, Geoff.¹)

Pic noir.   (Picus martius. Linn.)

Pie-vert.   Picus viridis Linn.

Werner del.

Pic cendré.

Le épeiche.   Picus major Linn.

Brenn del
½ nat
Lith de Cogloin
Pic Leuconote
Picus Leuconotus. Bechst

Pic mar.   (Picus medius Linn.)

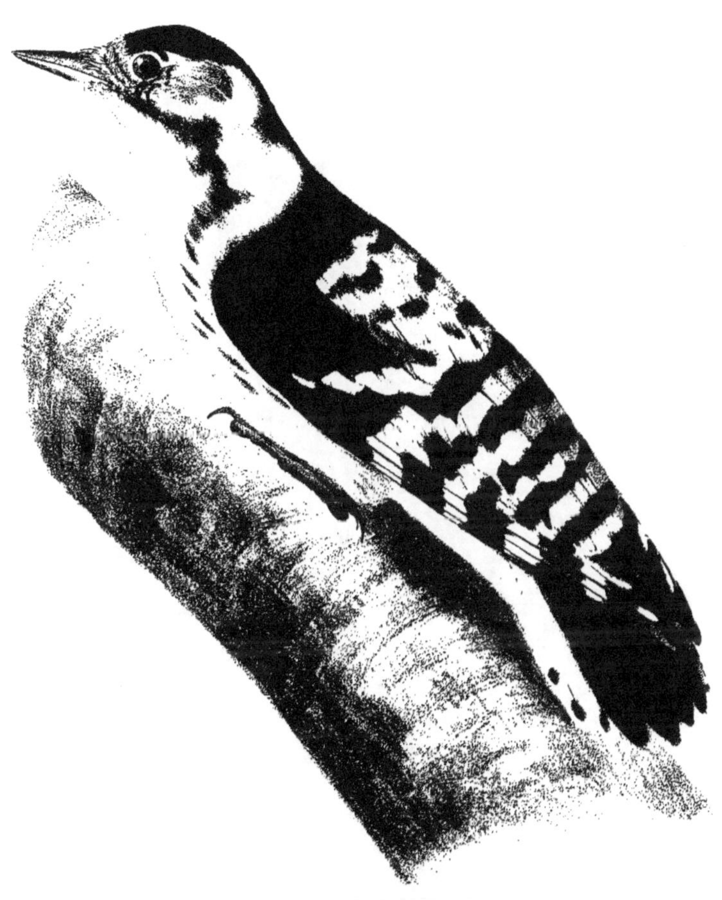

Die Speichette.   (Picus minor Linn.)

Pie tridactyle ou Picoïde   Picus tridactylus Linn

Torcol ordinaire   (Yunx torquilla Linn.)

Werner del.   pinx. grand' nat.   lith. de Langlumé

Sitelle Torchepot.   (Sitta europea Linn.)

Sitelle soyeuse — (Sitta sericea Tem.)

45

Sitelle syriaque ou des rochers (Sitta Syriaca Ehrenb.)

Grimpereau. (*Certhia familiaris. Linn.*)

Squelette de Grimpereau. (Certhia familiaris Linn.)

Tichodrome échelette (Tichodroma Phœnicoptera. Fem.)

Huppe   Upupa epops Linn.

Guêpier vulgaire.   (*Merops apiaster, Linn.*)

Guêpier Savigny (Merops Savignii Vaill.)

Martin pêcheur pie. (Alcedo Rudis Linn.)

Werner del.   ⅓ de nat.   Lith de Langlumé

Martin-pêcheur alcyon.   (Alcedo ispida. Linn.)

Squelette de Martin-pêcheur alcyon.
Alcedo ispida. Linn.

Hirondelle de Cheminée

Hirondelle roupseline mâle (hirundo rufula Isvail)

Hirondelle de fenêtre.   (Hirundo urbica. Linn.)

Squelette de l'hirondelle de fenêtre (Hirundo urbica, Linn.)

Ordre 8.
Chélidons.
Werner del.
grand nat.
Hirondelle de rivage.
(Hirundo riparia Linn.)

Hirondelle de Rocher

(Hirundo rupestris Linn.)

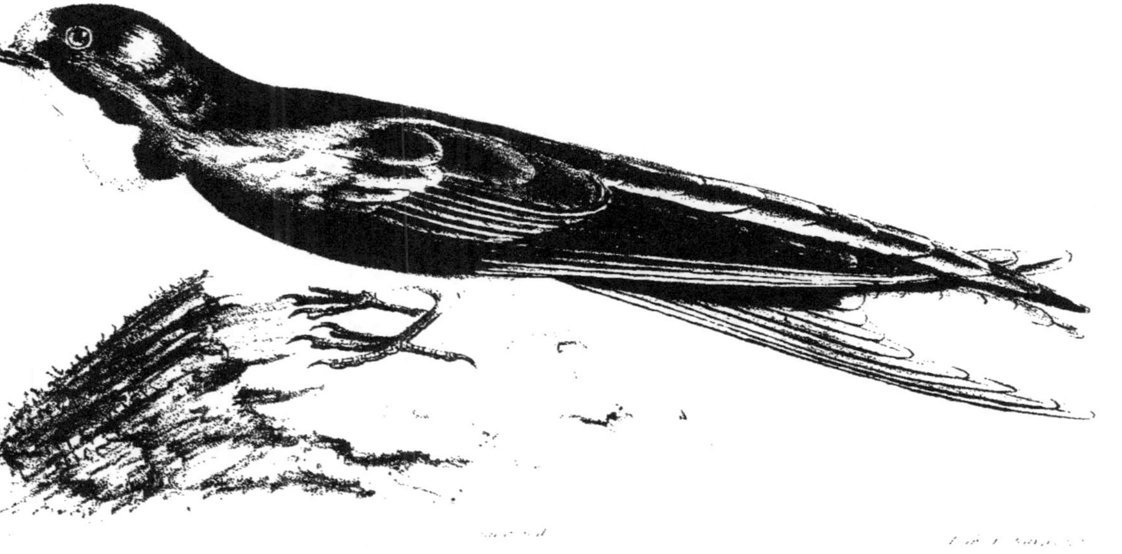

Hirondelle de Boissonneau (*Hirundo Boissonneauii* Tem.)

Werner del.   2/3 de nat.   lith. de Langlumé

Martinet à ventre blanc.   (Cypselus alpinus. Tem.)

Martinet de muraille.   (Cypselus murarius Tem.)

3/4 de nat.

Engoulevent ordinaire.

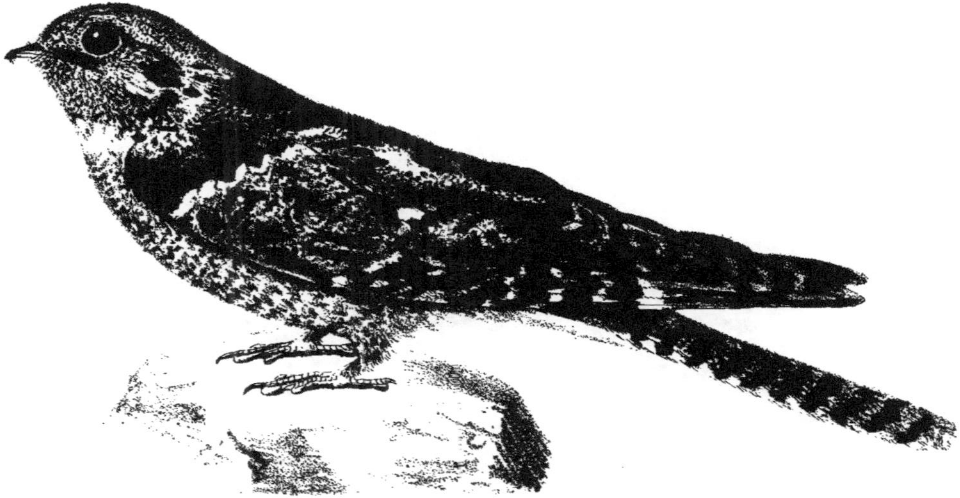

(Caprimulgus europæus Linn.)

[illegible] et [illegible]   [illegible]

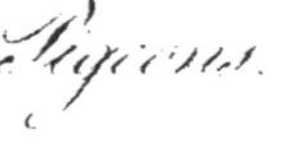

Ordre 9.
Pigeons.
Colombe Ramier.
(Columba Palumbus Linn.)

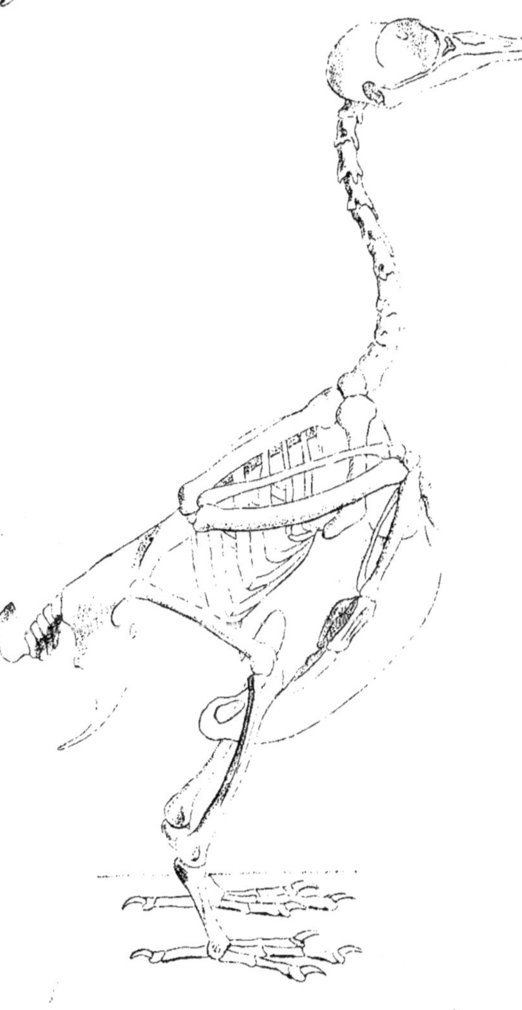

Werner del   ½ nat.   lith. de A. Belin r des. Mathurins 8.

Squelette de la Colombe ramier.
(Columba Palumbus linn.)

Ordre 9.
Pigeons.
Werner del.
Colombe Colombin
(Columba œnas Linn)

Colombe biset.

(Columba livia Briss.)

Colombe voyageuse. Columba Migratoria. Linn.

Colombe tourterelle. (Columba turtur Linn.)

Squelette du Faisan vulgaire. (Phasianus Colchicus Linn.)

Werner del.   Imp. Lemercier Benard et Cie

Faisan tricolore (Phasianus Pictus, Linn.)

Ordre IV.   Gallinacés

Dessiné at   Edenat.   Lith de Bourgeois

. Tétras urogallus   . Tétras urogallus Linn.

Tétras Rakkelhan.   (Tétras médius . Temm .)

A. Belin.

Tétras birkhan.
(Tetrao tetrix Linn.)

Tetras Gélinotte.   (Tetrao bonasia, Linn.)

Werner del.   Imp. Langlumé.   Gravé d. A. Rolin.

Tétras rouge.   (Tetrao scoticus, Lath.)

Tétras ptarmigan.   (Tetrao lagopus. Linn.)

Tetras hyperboré   (Tetrao lagopus ? ...)

Ordre 1er.

Vautour des Andes.
(Vultur solutius tem)
lith: de A. Bohn

Tétras à doigts courts (*Tetrao brachydactylus*, Tem.)

Gallinacés.
1/2 de nat.
lith. de A. Belin.
Ganga unibande.
Pterocles arenarius (Tem.)

Gallinacés.

Perdrix grise. *Perdix cinerea* Briss.

Francolin à collier roux   (*Perdix Francolinus* Lath.)

Perdrix rouge (Perdrix rubra Briss)

Werner del. ⅓ de nat. Lith. d. A. Bru.

Perdix Gamba. (Perdrix Pétreuse Lath.)

Perdrix grise. Perdix cinerea. Lath.

Caille (Perdix coturnix, Lath.)

Ordre 6.
Gallinacés
Colin ortonicum (Perdix Borealis Cuv.)

Werner del.   5/6 de nat.   lith. de Delaporte

Turnix Tachydrome (Hemipodius tachydromus Tem.)

Turnix à Croissant.   (Hemipodius lunatus, Cuv.)

Glaréole à collier.   (Glareola torquata. Heyr.)

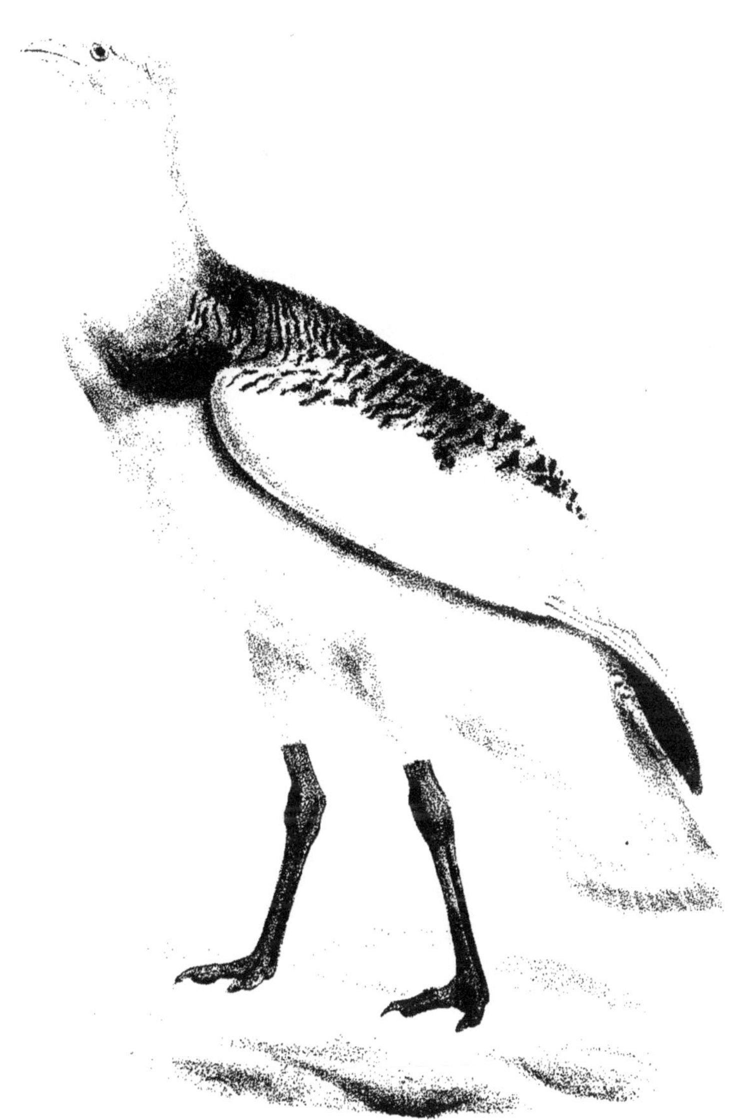

L'outarde barbue (Otis tarda Linné.)

Outarde Canepetière (Otis Tetrax Linn.)

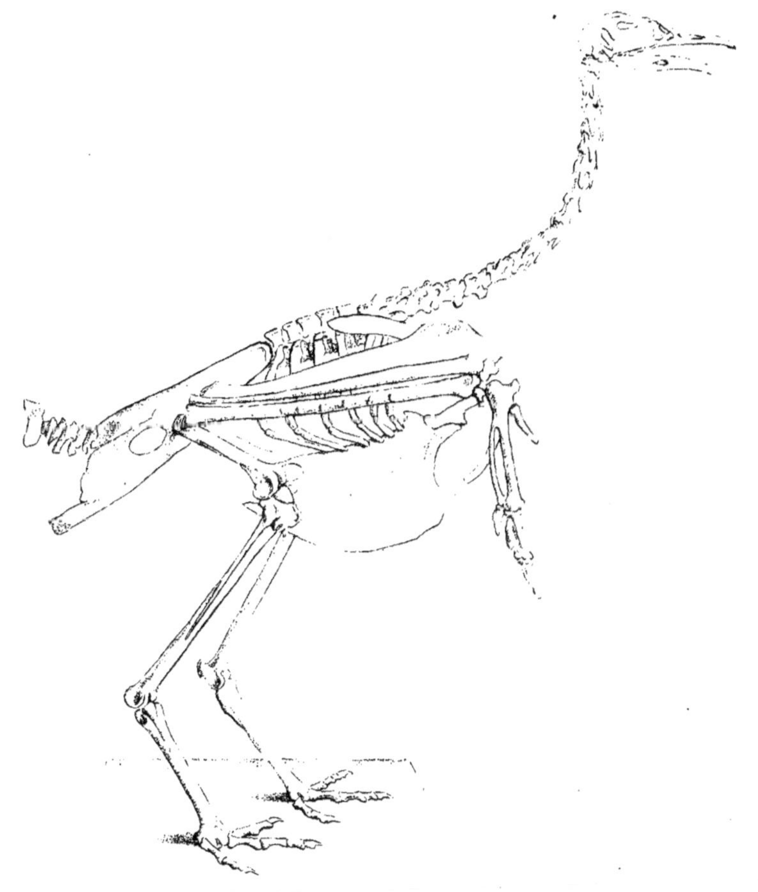

Squelette d'outarde barbue   Otis tarda Lin.

Outarde Houbara / Otis Houbara Linné

Court-vite Isabelle (Cursorius isabellinus, nob.)

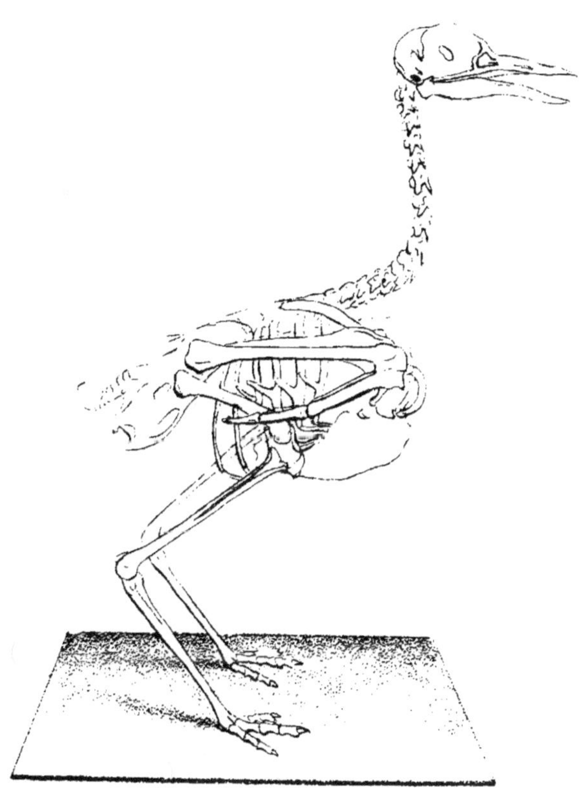

Werner del.   ½ de nat.   Lith. de A. Belin.

Squelette de l'Œdicnème criard. (Œdicnemus Crepitans. Tem.)

L'Échasse à manteau noir (ne s'accouple pas). Hetanopterus Roger)

Échassier. L'Huîtrier. Haematopus Ostralegus. Linn.

Le Pluvier doré. Charadrius Pluvialis (Linn.)

Pluvier armé (Charadrius Spinosus.)

Le Pluvier Guignard. *Charadrius morinellus*, Linn.

Werner del.   Imp. Lemercier, Benard et C.

Pluvier à plastron roux (Charadrius Pyrrhothorax Less.)

Grand Pluvier à collier. (Charadrius Hiaticula Linné)

Werner del.   3/4 de nat.   Lith. de A. Belin.

Petit Pluvier à Collier. (Charadrius. Minor. Meyer.)

Werner del.   ⅓ de nat.   lith. de A. Reine

Pluvier à Collier interrompu. (Charadrius Cantianus Lath.)

Varennes Plover (Vanellus Melanogaster, Bechst.)

Vanneau Keptuschka. *Vanellus keptuschka* Tem.

Vanneau Huppé (Vanellus Cristatus, Mayer)

Tourne-pierre à collier. (*Strepsilas Collaris, Tem.*)

Grue Leucogérane, ejus leucogéranos Pall.

Werner del.   ¼ de nat.   Lith. de A. Belin.

Grue cendrée. (Grus Cinerea, Bechst.)

Grue demoiselle. *Grus Virgo* Briss.

Cigogne Maguari (*Ciconia Maguari, Tem*)

Cigogne Blanche. (Ciconia Alba, Bechst.)

Werner del.   1/8 de nat.   Lith. de A. Baron.

Cigogne noire (Ciconia Nigra, Bellon.)

Béranger del.   Ve de nat   [illegible]

Werner del.   lith de Fauxquemin.

Héron aiguettoïde (Ardea egrettoïdes Tem.)

Héron Garzette (Ardea Garzetta. Linn.)

Ordre 6.
Grallæ.
Héron crabier (Ardea comata, Bonat.)

Werner del.   ⅕ de nat.   Lith. A. Belin

Héron Grand-Butor. l. Ardea stellaris Linn.

Héron lentigineux. (Ardea lentiginosa. Mont.)

Odix 12.

Mörer Cadbr. Ardea Ralloides. aspilt.

Héron Blongios. (Ardea minuta, Linn.)

Werner del.   1/4 de nat.   lith. de J. Belin.

Bihoreau à manteau noir (Ardea Nycticorax, Linn.)

Flammand rouge (Phœnicopterus Ruber, Linné)

Avocette à nuque noire. Recurvirostra Avocetta. Linn.

Spatule blanche. Platalea Leucorodia.

Ibis Falcinelle. (Ibis Falcinellus, Tem.)

Ibis sacré. (Ibis Religiosa, Cuv.)

Grand Courlis cendré (Numenius Arquata, Lath.)

Courlis Corlieu. (Numenius Phæopus, Lach.)

Courlis à bec grêle (Numenius Tenuirostris, Vieill.)

Bécasseau Cocorli (Tringa Subarquata.)

Bécasseau Pectoral, Tringa Pectoralis, Bonap.

Werner del.'   Lith. de A. Bestin.

Becasseau Bonaparte ou variable. Tringa variabilis. Meyer.

(Bécasseau de Schinz . Tringa Schinzii Bonap.)

Werner del.   3.5 de nat.   Lith. de A. Belin.

Bécasseau Platyrhynque (Tringa Platyrhyncha. Tem)

Werner del. 1/2 le nat. Lith. de J. Kuhn.

Bécasseau Vallet (Tringa, Montana, Brunn)

Werner del.t   ⅔ de nature.   Lith. de J. Bertin.

Bécasseau Temminck (Tringa Temminckii, Leistr.)

Bécasseau Echasses (Tringa Minuta, Leister)

Bécasseau Rousset. Tringa Rufescens. Vieill.

Werner del.   ½ de nat.   Lith. de J. Belin.

Bécasseau Canut ou Maubèche. (Tringa Cinerea, Linn)

Bécasseau Combattant. (Tringa Pugnax, Linn)

Chevalier Semipalmé (*Totanus Semipalmatus*, Tem.)

Werner del.   1/3 de nat.   Lith. de A. Belin.

Chevalier Arlequin. (Totanus Fuscus. Leisler.)

Werner del.￼   ½ de nat.   Lith. de A. Belin.

Chevalier Gambette. (Totanus Calidris, Bechst.)

Werner del.   3/5 de nat.   Lith. de A. Belin

Chevalier Stagnatile (Totanus Stagnatilis, Bechst.)

Chevalier à longue queue. (Totanus Bartramia, Wils.)

Werner del.̕   ⅔ de nat.   Lith. de J. Belin

Chevalier cul blanc (Totanus ochropus, Tem)

Werner del.   1/2 de nat.   Lith. de A. Belin.

Chevalier Sylvain (Totanus Glareola , Tem.)

Chevalier Perlé (Totanus Macularia, Tem)

Chevalier Guignette (Totanus Hypoleucos, Tem.)

Chevalier. Aboyeur (Totanus Glottis, Briss.)

Barge à queue noire (Échasse, Limosa ...)

Werner del.   Lith. de Fonrouge

1/3

Barge de Meyer Plumage d'été (*Limosa meyeri* Leisl.)

Barge rousse (Limosa Rufa, Briss.)

Werner del.‌   presque moitié.   Lith. de A. Belin

Bécasse Ordinaire (Scolopax Rusticola, Linn.)

Werner del.   2/5 de nat.   Lith. de A. Belin.

Grande ou double Bécassine. (Scolopax Major, Linn.)

Rhynchæa Sabini. Rostratula Sabini. Vig.

Bécassine Ordinaire. (Scolopax Gallinago, Linn)

Werner del.

1/2

Lith. de Bocquin

La Bécassine erratique. (Scolopax peregrina Bre.)

Werner del.   ⅔ de nat.   Lith. de A. Belin.

Bécassine Sourde (Scolopax Gallinula, Linn.)

Werner del.t   1/2 de nat.   Lith. de A. Bellin

Bécasseau Ponctué (Scolopax Grisea, Gmel.)

Werner del.   presque moitié.   Lith. de A. Belin.

Râle d'Eau. (*Rallus Aquaticus, Linn.*)

Poule d'eau de Genets (Gallinula Crex, Lath.)

Werner del.   ⅔ de nat.   Lith. de A. Belin.

Poule d'eau. Maroüette (Gallinula Porzana, Lath.)

Werner del.   3/4 de nat.   Lith. de J. Belin.

Poule d'Eau Poussin (Gallinula Pusilla, Bechst.)

Poule-d'Eau Baillon. (*Gallinula Baillonii, Vieill.*)

Werner del.   1/3 de nat.   Lith. de A. Belin.

Poule d'Eau ordinaire (Gallinula Chloropus, Lath.)

Settre de Porphyrion (Porphyrio Hyacinthinus, Tem.)

Foulque - Macroule (Fulica Atra, Linn)

Werner del.   1/4 de nat.   Lith. de J. Belin.

Squelette de Foulque Macroule (Fulica Atra, Linn.)

Werner del.   ³/₄ de nat.   Lith. de A. Bolin.

Phalarope Hyperboré (Phalaropus Hyperboreus, Lath.)

Werner del.   1/2 de nat.   Lith. de J. Belin.

Phalarope Platyrinqua (Phalaropus Platyrhinchus. Tem.)

Werner del.   4/5 de nat.   Lith. de J. Belin.

Grèbe huppé (Podiceps Cristatus. Leath.)

Grèbe Jou-gris. (Podiceps Rubricollis, Lath.)

Grèbe arctique (Podiceps arcticus. Boié)

Grèbe Cornu ou Esclavon. (Podiceps Cornutus. Lath.)
à l'âge d'un an.

Grèbe huppé en robe d'été mâle avec son petit. Grandeur 2/3 de la nature.

Werner del. ¼ de nat. Lith. de J. Belin.

Grèbe Oreillard (Podiceps Auritus, Luth.)

Werner del.   ¼ de nat.   Lith. de A. Belin.

Grèbe Castagneux (Podiceps Minor, Lath.)

Werner del!

1/3 de nat.

Lith. de A. Belin.

Hirondelle-de-mer Tschegrava. (Sterna Caspia, Pallas)

Werner del.   1/3 de nat.   Lith. de J. Belin.

Hirondelle-de-mer Caugek (Sterna Cantiaca, Gmel.)

15

Hirondelle de mer voyageuse. (Sterna affinis Rüpp.)

Werner del.   1/3 de nat.   Lith. de A. Belin.

Hirondelle-de-mer Dougall (Sterna Dougalli, Montagu)

Werner del.   2/3 de nat.   Lith. de J. Belin.

Hirondelle-de-mer Pierre Garin (Sterna Hirundo, Linn.)

L'hirondelle-de-mer Arctique (Sterna arctica, Tem.)

Werner del.︲   Lith. de I. Belin.

Hirondelle-de-mer Hansel (Sterna Anglica. Montagu.)

Hirondelle de mer ...

Werner del.t   1/3 de nat.   Lith. de J. Belin.

Hirondelle-de-mer Haustuc (Sterna Leucoparia, Natterer)

Werner del.   Lith de Frecquemin

Hirondelle-de-mer Moustac jeune.
(Sterna leucopareia. Natt.)

Werner del.‌   ⅓ de nat.   Lith. de A. Bolin.

Hirondelle-de-mer Leucoptère (Sterna Leucoptera, Tem.)

Werner del.t   1.3. de nat   Lith. de A. Behn.

Hirondelle de mer Épouvantail (*Sterna nigra, Linn.*)

Werner del.t   1/3 de nat.   Lith. de A. Bohr

Squelette de l'Hirondelle-de-mer Épouvantail
(Sterna Nigra, Linn.)

Werner del.   1/3 de nat.   Lith. de J. Belin.

Petite Hirondelle de-mer (Sterna Minuta. Lenn.)

Goéland : Bourgmestre (Larus Glaucus, Brünn.)

Werner del.   1/5 de nat.   Lith. de A. Brön.

Goéland à manteau bleu (Larus Argentatus, Brünn.)

Goéland à manteau noir (Larus Marinus, Linn.)

Goëland à pieds jaunes (Larus Fuscus, Linn.)

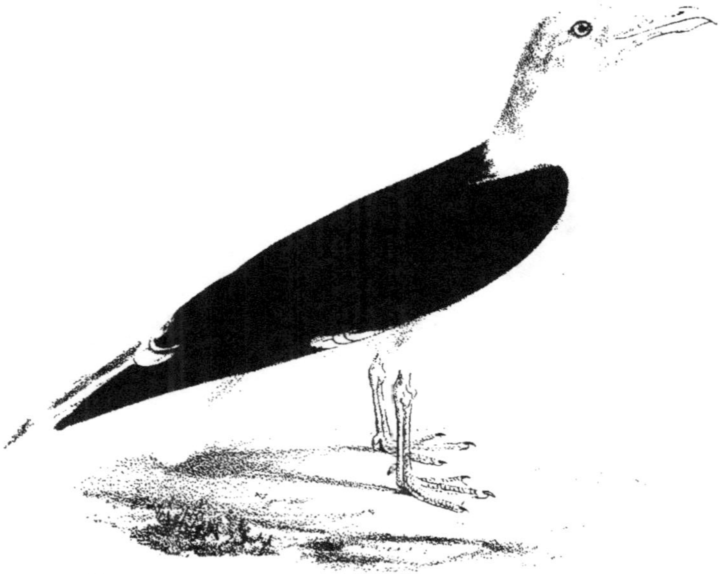

Mouette Leucoptère. (Larus Leucopterus Faber)

Mouette Ichthyaète, Larus Ichthyaetus, Pall.

Werner del.   ³/₄ de nat.   Lith. de A. Belin.

Mouette blanche ou Sénateur (Larus Eburneus, Linn.)

Werner del.

Lith. de Fracquemon

Mouette blanche ou Sénateur jeune.

(Larus éburneus, Linn.)

Werner del.   Lith. de Fourquemin

14

Mouette Audouin. (Larus Audouini pyr.)

Werner del.　　　1/3 de nat.　　　Lith. de A. Belin.

Mouette à pieds bleus. (Larus Canus, Linn. sed non auctorum)

Werner delt.   1/4 de nat.   Lith. de A. Bolen.

Mouette Tridactyle (Larus Tridactylus, Lath.)

Mouette à capuchon noir, plumage de noce
Larus melanocephalus natt.

Werner del.   1/4 de nat.   Lith. de A. Bour.

Mouette rieuse ou à capuchon brun (Larus Ridibundus, Leisler)

Mouette à iris blanc. Larus leucophthalmus Licht.

Mouette Sabine, *Larus Sabinæ, Leach.*

Werner del. Lith de nat. Lith. de J. Belin.

Mouette Pygmée. (Larus, Minutus, Pallas)

Ordre 15.
Palmipèdes
Berger delt
1.3 de nad.
Lith. de A. Béhr.
Stercoraire Cataracte (Lestris Cataractes, Tem.)

[illegible handwritten caption]

Stercoraire Parasite.

Pétrel Fulmar (Procellaria Glacialis, Linné.)

Werner del.   1/4 de nat.   Lith. de A. Bolin.

Pétrel Puffin (Procellaria Puffinus, Linn.)

1/4

Puffin majeur ou arctique. (Puffinus major faber)

Petit . Manks (Procellaria Anglorum, Tem)

Werner del.   1/4 de nat.   Lith. de A. Bohn.

Petrel Obscur. (Procellaria Obscura, Gmel.)

Werner del.   P. delineat   Lith. de A. Belin.

Pétrel de Leach (Procellaria Leachii, Tem.)

Werner del! ½ de nat. Lith. de A. Bohn.

Petrel Tempête (Procellaria Pelagica, Linn.)

Ordre 15
Palmipèdes.
Werner delt.
1/5 de nat.
Lith. de A. Bein.
Oie Cendrée ou Première, mâle. (Anas Anser, Linn. Lath.)

Oie volontaire ou Sauvage. (Anas Segetum, Gmel.)

Oie rieuse ou à front blanc (Anas Albifrons, Linn.)

Werner del.   1/5 de nat.   Lith. de A. Bein.

La Bernache mâle (Anas leucopsis. Tem.)

Oie à bec court, mâle, plumage d'été
Anser brachyrhynchus Baillon

Oie Cravant mâle (Anas Bernicla, Linn.)

Oie à cou roux (Anas Ruficollis, Linn)

Oie Égyptienne (Anas Ægyptiacus Auct.)

Werner del.   1/11 de nat.   Lith. de A. Bein.

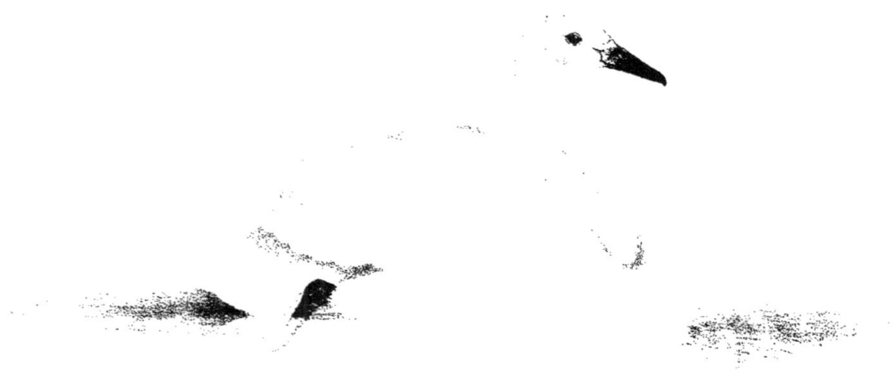

Cygne à bec jaune, ou sauvage (Anas Cygnus, Linn.)

Cygne de Bewick.   Cygnus Bewicku Yarr.

Werner del: 1/21 de nat.   Lith. de A. Belin

Cygne Tuberculé ou domestique (Anas Olor; Linn)

Werner del.   ⅓ de nat.   Lith. de J. Belin.

Canard Kasarka mâle (Anas Rutila, Pallas)

Werner del.t   4/5 de nat.   Lith. de A. Bein.

Canard Tadorne mâle (Anas Tadorna, Linn.)

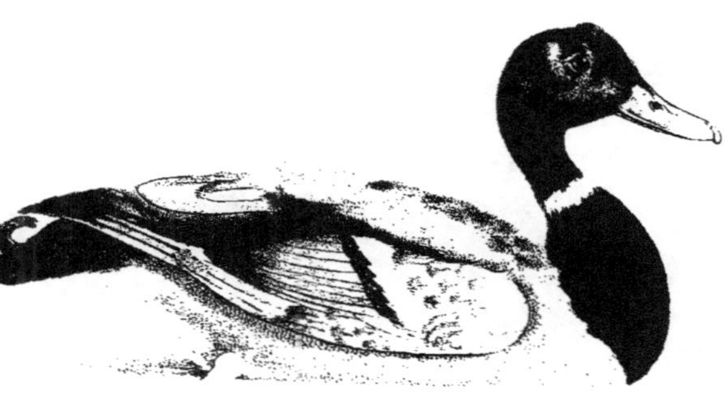

Werner del.   15 dénat.   Lith. de A. Belin

Canard Sauvage (Anas Boschas, Linn)

Ordre 15. Palmipèdes.

Werner del.￼ 1/5. de nat. Lith. de J. Bové

Canard Chipeau ou Ridenne (Anas strepera, Linn.)

Werner del.   1/5 de nat.   Lith. de A. Belin.

Canard à longue queue ou Pilet mâle (Anas Acuta, Linn)

Werner del.	1/5 de nat.	Lith. de A. Belin.

Canard Siffleur mâle (Anas Penelope, Linn.)

Canard Glousseur (Anas Glocitans, Pall.)

Canard Sponsa (Anas Sponsa Linn)

Werner del.   1/5 de nat.   Lith. de A. Belin.

Canard Sarcelle d'été, femelle (Anas querquedula, Linn.)

Werner del.   4/5 de nat.   Lith. de J. Belin.

Canard Sarcelle d'hiver (Anas Crecca, Linn.)
Jeune mâle avant la mue

Canard Souchet, mâle (Anas Clypeata, Linn.)

Werner del.   1/5 de nat.   I. H. de A. Belin

Canard Eider mâle adulte (anas Mollissima, Linn.)

Canard Eider (fem. et mas. anas mollissima Linn.)

Werner del.   1/5 de nat.   Imp. de L. Belin.

Canard à tête grise, mâle (Anas spectabilis, Linn.)

Werner del.   1/5 de nat.   Lith. de A. Belin.

Canard Macreuse, vieux mâle, (Anas ....spectata Linn)

Werner delt.   1/5 de nat.   lith. de A. Belin.

Canard double. Macreuse, vieux mâle (Anas Fusca, Linn.)

Canard Macreuse vieux mâle (Anas Nigra, Linné)

Canard siffleur huppé mâle (anas Rufina, Pallas)

Canard marbré (Anas Marmorata Tem.)

Werner del.   1/5 de nat.   Lith. de A. Belin.

Canard Milouinan, vieux mâle (Anas Marila, Linné.)

Canard Milouin (anas Ferina, Linn)

Camard à Pieds Blancs ou Nyroca mâle, plumage d'hiver, demi-grandeur naturelle.

Werner del!.   4/5 de nat.   Lith. de A. Belin.

Canard Morillon très vieux mâle (Anas Fuligula, Linn.)

Canard de Steller (Anas Dispar, Gmel.)

Werner del.   45 de nat   Lith. de A. Bein.

Canard à collier ou Histrion vieux mâle (Anas Histrionica, Linn.)

Werner del.   de Paul   Lith. de L. Behr.

Canard Garrot vieux mâle, (Anas Clangula, Linn.)

Garrot de Barrow

Ordre

Palmipèdes

Canard de Barrow

Canard de la Violon mâle à trois Glandes (Brun)
à l'âge d'un ou deux ans

Werner del.   ⅓ de nat.   Lith. de J. Belin.

Canard couronné mâle (Anas leucocephala, Lath.)

Werner del.
1/3 de nat.
Lith. de J. Brun.
Grand Harle très vieux mâle. (Mergus. M. merganser. Linn.)

Vide 15
Palmipèdes.
Werner del.
4/5 de nat.
Harle Huppé (Mergus serrator, Linn.)

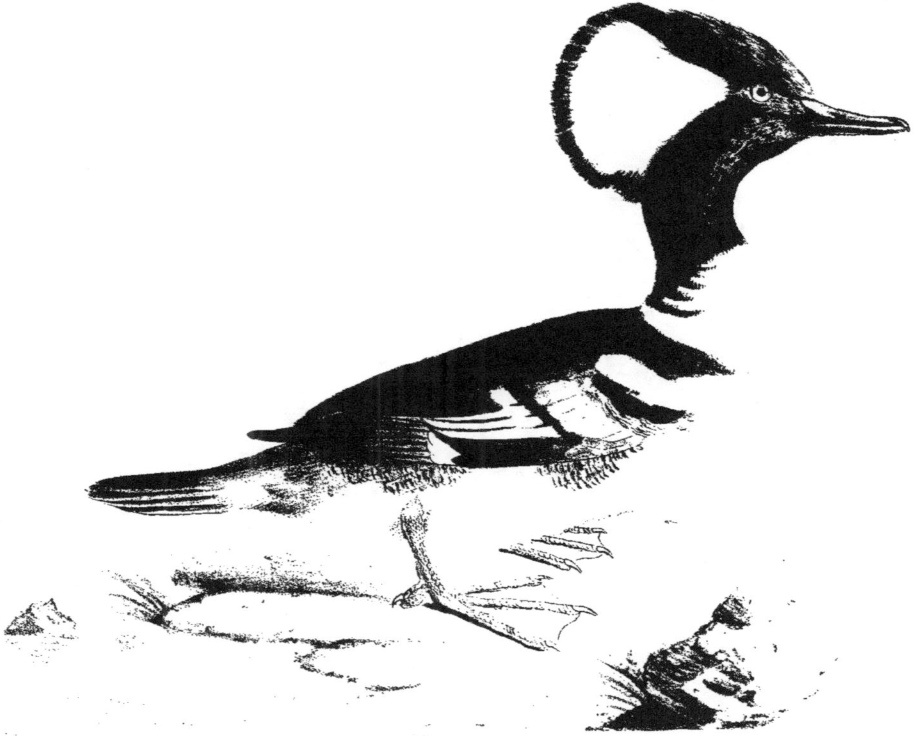

Harle couronné, Mergus cucullatus Lin.

Werner del.   1/5. 20 mil.   Lith. de A Bohn.

Harle Piette (Mergus albellus, Linn.)

Werner delt.   P. Ede nat.   Lith. de A. Bein.

Pélican blanc très vieux. Pelecanus Onocrotalus. L. ois. 1

Pélican frisé

Grand Cormoran mâle, plumage des noces (Carbo Cormoranus, Meyer)

Werner del.
½ de nat.
Lith. de L. Robin.
Cormoran Miguatel, vieux, plumage d'hiver (Carbo Graculus, Temper.)

Cormoran largup, mâle, plumage de noce (Carbo Cristatus, Tem.)

Werner del.
à 1/2 de nat.
Publié par A. Belin
Cormoran pygmée, mâle, plumage de noce. (Carbo Pygmaeus, Tem.)

Ordre 6.   Palmipèdes.

Tiré de A. Dubois.

Plongeon Imbrim, vieux (Colimbus Glacialis, Linn.)

Werner del.   ut de nat   Lith. de A. Belin.

Plongeon Lumme à gorge noire. adulte (Colymbus Arcticus. Linn.)

Palmipèdes.
Werner del.
½ de nat.
Lith. de J. Belin.
Guillemot à capuchon, mâle, plumage d'Été. (Uria Troile, Linth.)

Guillemot à miroir blanc, mâle, plumage des noces.

(Uria Grylle, Lath.)

Werner del.   J. J. de nat.   Lith. Jc. A. Belin.

Guillemot satin, plumage des noces (Uria Alle, Tém.)

Guillemot bridé, Uria Lacrymans

Macareux glacial (Mormon Glacialis, Leach.)

Werner del.   ½ de nat.   Lith. de A. Belin.

Macareux Moine vieux (Mormon Fratercula, Tem.)

Werner del.?   1/3 de nat.   Lith. de A. Bolin.

Pingouin Macroptère vieux (Alca Torda, Linn)

Werner del.   ⅓ de nat.   Lith. de I. Belin.

Pingouin Brachyptère plumage des noces (Alca impennis, Linn.)

www.ingramcontent.com/pod-product-compliance
Lightning Source LLC
LaVergne TN
LVHW060429210726
843508LV00018BA/21